Nancy Neugebauer

Gustav und Nele

NANCY NEUGEBAUER

Gustav & Nele

DAS GLÜCK EINER
GANS BESONDEREN FREUNDSCHAFT

LÜBBE

Dieser Titel ist auch als E-Book erschienen
Originalausgabe

Texterstellung: Angela Küpper
Text- und Bildredaktion: Cindy Witt
Umschlaggestaltung: Kirstin Osenau
unter Verwendung einer Fotografie von © Nancy Neugebauer
Satz: Helmut Schaffer, Hofheim a. Ts.
Druck und Einband: PNB Print Ltd., Silakrogs

Printed in Latvia

ISBN 978-3-431-04092-0

5 4 3 2 1

Sie finden uns im Internet unter: www.luebbe.de
Bitte beachten Sie auch: www.lesejury.de

Ein verlagsneues Buch kostet in Deutschland und Österreich jeweils überall dasselbe. Damit die kulturelle Vielfalt erhalten und für die Leser bezahlbar bleibt, gibt es die gesetzliche Buchpreisbindung. Ob im Internet, in der Großbuchhandlung, beim lokalen Buchhändler, im Dorf oder in der Großstadt – überall bekommen Sie Ihre verlagsneuen Bücher zum selben Preis.

Inhalt

Vorwort

Als wir vor zwanzig Jahren einen alten Bauernhof im Norden Mecklenburgs kauften, ahnten wir nicht, welche Abenteuer dort auf uns warteten. Wir folgten unserem Traum vom Leben auf dem Land: geweckt zu werden vom Zwitschern der Vögel, nach dem Aufstehen einen Blick über die weiten Felder zum unverbauten Horizont werfen zu können und abends den Sonnenuntergang über dem nahen See zu genießen …
Vor allem aber wünschten wir uns, dass unsere Kinder in einem Stück heiler Welt aufwachsen durften, wo sie barfuß durch die Wiesen streiften, im Bach spielten und sich die Äpfel im Garten selbst pflücken konnten. Wie viele Eltern wollten wir ihnen Wurzeln und Flügel geben und waren uns sicher, dass uns dies so dicht an der Natur am besten gelingen würde.

Zehn Jahre steckten wir in die Renovierung, entkernten das Haus, erneuerten das Dach, versetzten Wände und schufen lauschige Winkel, wo wir die Natur genießen und die Seele baumeln lassen konnten. Als unsere Tochter Nina geboren wurde, steckten wir noch mitten in den Renovierungsarbeiten. Acht Jahre später waren Haus und Hof endlich fertig, und Nele kam zur Welt. Wir merkten schon früh, dass Tiere sie besonders faszinierten. Zu unserem Jack-Russell-Terrier Snoopy hatte Nele gleich einen guten Draht. Und Snoopy war erst der Anfang. Denn mit Nele zogen die Tiere bei uns ein.

Schon bald zählte unsere wachsende Familie mehr tierische als menschliche Mitglieder. Im Lauf der Jahre kamen eine Katze und ein Kater, diverse Kaninchen, Meerschweinchen, Enten und ein Pfauenpaar zu uns auf den Hof. Ganz nach dem Motto »Platz haben wir ja genug« rettete Nele einen kranken Hasen und einen Hahn vor dem Kochtopf, und weil ein Hahn allein ja nicht glücklich ist, gab es die Henne gleich mit dazu.

Neles Freunde haben Federn oder Fell, feuchte Schnauzen, Schnäbel, sie schnurren, bellen und krähen, und sie sind mindestens so wichtig für sie wie ihre besten Freundinnen aus der Nachbarschaft. Sie kümmert sich in jeder freien Minute um sie und lässt sich mit ganzem Herzen auf jedes einzelne Tier ein.

Dann, eines Tages im Frühjahr 2016, ging das Abenteuer erst richtig los. Ein benachbarter Bauer erzählte uns, dass der Fuchs eine seiner Gänse geholt habe. Sie hatte bereits gebrütet, und so legte er die zehn Eier in den Brutkasten. Da Nele als Tierretterin bereits einen gewissen Ruf in der Gegend hatte, fragte er sie, ob sie denn vielleicht eine kleine Gans haben wolle. Sie bekam vor Aufregung gleich ganz große Augen und rief: »Oh ja! Ich möchte einen Ganter, und der soll Gustav heißen!«

Und so begann die Geschichte einer Gans bezaubernden Freundschaft, die unser aller Leben verändert hat …

Einleitung

Graugänse und ihre Verwandten, die Pommerschen Hausgänse, zu denen auch Gustav zählt, sind faszinierende Tiere. Sie haben nicht nur eine hohe soziale Intelligenz, sondern pflegen auch eine enge Beziehung zu ihrer Verwandtschaft. Und was das Spannende ist: Die Familienbande einer Gans erstrecken sich nicht allein auf ihre Artgenossen. Entscheidend dafür, wer zur Familie gehört, ist die Prägung des Jungtiers. In der Natur verlassen die Gänseküken rasch das Nest und folgen demjenigen, den sie als Erstes sehen. In der Regel sind das die Gänseeltern. Nicht so bei Gustav: Genau an dem Tag, als er aus dem Ei schlüpfte, war Nele beim Bauern, um nach der Brut zu sehen. Da drang ein ganz leises Piepen aus dem Brutkasten, das schon bald immer energischer wurde. Ganz offenbar wollte dort jemand auf sich aufmerksam machen. Vorsichtig öffnete Nele den Brutkasten, und tatsächlich: Ein wunderhübsches Gänseküken hockte zwischen neun weiteren Eiern und blickte aus seinen dunklen Knopfaugen zu ihr hoch. Die beiden verliebten sich sogleich ineinander. Und so wurde Nele ganz selbstverständlich zur Gänsemutter des kleinen Kükens. Seither folgt Gustav ihr auf Schritt und Tritt. Gemeinsam erkunden sie die Natur und blühen auf wie die Blumen auf den bunten Feldern rings um unseren Hof herum.

Vieles, was wir über Graugänse wissen, verdanken wir dem österreichischen Verhaltensforscher Konrad Lorenz (1903–1989), der als »Gänsevater« berühmt wurde. Hautnah untersuchte er die angeborenen und erlernten Verhaltensweisen der Tiere und war einer der Ersten, der erkannte, auf welche Weise Gänsekinder geprägt werden – und wie sich dies auf ihr weiteres Leben auswirkt. Als er das Schlüpfen eines Gänsekükens beobachtete, dessen Ei künstlich bebrütet worden war, sah dieses ihn lange mit schief gelegtem Kopf an. Auf ein unbedachtes Wort von Lorenz hin reckte es den Hals vor, drückte auf gänsetypische Weise den Nacken durch und begrüßte ihn mit einem Wispern. Ohne es geahnt zu haben, wurde er in diesem Moment zum Gänsevater auserkoren. Alle Versuche, das Küken namens Martina der Fürsorge einer brütenden Hausgans zu überlassen, schlugen fehl. Martina folgte Lorenz beharrlich bis zu seinem Schreibtisch und ging schließlich in die Geschichte der Verhaltensforschung ein.

Alles, was Nele über Gänse wissen musste, erfuhr sie vom Bauern: Vom Speiseplan bis über das Wärmebedürfnis des frisch geschlüpften Kükens erklärte er ihr genau, was der kleine Gustav brauchte.

Zum Glück sind Gänsekinder nicht auf ihre leiblichen Eltern angewiesen, was das Fressen angeht. Sie müssen nicht wie Singvögel gefüttert werden, sondern verputzen ganz allein mit großer Hingabe junge Brennnesseln, Löwenzahn und Gras.

Doch Fressen ist nicht alles im Leben einer Gans. Mindestens genauso wichtig sind Schutz, Geborgenheit und Wärme.

Wer im Frühjahr eine Gänsemutter auf einer Wiese oder am Ufer eines Baches sitzen sieht, hat vielleicht schon einmal die Küken bemerkt, die sich unter ihren Fittichen eng aneinanderschmiegen. Die Körperwärme und die Nähe der Mutter wirken beruhigend auf die neugierige Schar und schützen sie vor Feinden.

Nele vermochte zwar keine Flügel herbeizuzaubern, aber Geborgenheit konnte sie ihrem kleinen Gänserich dennoch schenken. Behutsam nahm sie Gustav aus dem Brutkasten und barg ihn unter ihrem T-Shirt, um ihn warmzuhalten und zu beschützen. Und so machten die beiden sich auf den Weg nach Hause, um uns allen den Familienzuwachs vorzustellen. Ein Blick auf das flauschige Knäuel reichte, und schon hatte Gustav unsere Herzen im Sturm erobert.

1. Kapitel:

Eine Handvoll Gänseglück

Als frisch geschlüpftes Küken war Gustav so klein, dass er bequem in Neles Hand passte. Seine Flügel waren winzige Stummel, die unter dem daunenweichen gelb-braunen Flaum kaum auszumachen waren. Sein Schnabel war noch dunkelgrau mit einer hellen Spitze, und auf seinen breiten orangefarbenen Füßen konnte er schon bald einigermaßen sicher durch die Gegend watscheln. Wenn Gustav spielte und umhertollte, sah sein Flaum ganz wuschelig aus, sodass man einfach mit ihm schmusen musste. Viele Stunden verbrachte er warm und geborgen an seinem Lieblingsplatz unter Neles T-Shirt. Dort döste er und lauschte ihrer Stimme, während sie ihm Geschichten erzählte und bald auch ihre Geheimnisse verriet.

Schon früh entwickelte sich zwischen den beiden eine ganz eigene Art der Verständigung mithilfe von viel Hinspüren, Nachahmen und Körpersprache. So klein er auch war, verfügte Gustav bereits über ein ganzes Repertoire an Verhaltensweisen, die typisch Gans waren: wie er neugierig den Hals reckte, um uns zu begrüßen, die Umgebung zu erkunden oder Geräusche zu hören, die nur er mit seinem feinen Gehör wahrnehmen konnte; wie er mit seinen winzigen Stummelflügeln schlug, wenn er aufgeregt war oder sich freute; wie er sich aufplusterte, sich unbeholfen und hingebungsvoll zugleich putzte oder vertrauensvoll auf die Seite fallen ließ, die Füßchen von sich gestreckt, um auf der Stelle einzuschlafen.

Obwohl Gustav noch so winzig war, hatte er schon einen ordentlichen Appetit und verputzte Unmengen an Kräutern und Gras. Nele sammelte mehrmals täglich die frischesten Brennnesseln und Löwenzahn für ihn und schnitt sie schnabelgerecht klein. In Windeseile verspeiste Gustav seine Portion und ließ sich dann erst mal ermattet ins Gras sinken, um sich mit vollem Bäuchlein ein wenig auszuruhen. Doch bald schon siegte seine Neugier: Dann rappelte er sich auf, reckte den Hals und sah nach rechts und links, auf der Suche nach immer neuen Abenteuern.

deuter

Im Gänsemarsch folgte er Nele überallhin: über den Hof und die Wiesen, durchs Haus und später dann ins Dorf, durch den Wald und bis an den See. Als Küken wurde er schnell müde. Wenn seine kleinen Füße nicht mehr wollten, wusste Nele gleich, was zu tun war: Sie schnallte sich einen Gürtel um das Hemd, und fertig war das »Gänsetragetuch«. Manchmal setzte sie sich Gustav aber auch einfach auf den Kopf und trug ihn in einem ausrangierten Zylinder umher.

Unterstützung bei der Aufzucht bekam Nele von unserem Hund. Snoopy erklärte sich gleich bereit, auf den kleinen Gänserich aufzupassen, und setzte sich schützend über ihn.

Und dann waren da die Hühnerküken. Als endlich Sommerferien waren, spielte Nele fast ununterbrochen mit dem gefiederten Nachwuchs. Sie stellte winzige Sonnenschirme und Liegestühle auf und lockte ihre kleinen Freunde mit Körnern auf die Plätze. Auch ihre Schulfreunde kamen täglich vorbei und bestaunten Gustav. Er genoss es, im Mittelpunkt zu stehen, hängte sich an Neles Fersen und wollte überall mitmischen. Ob beim Picknick auf der Wiese – bevorzugt mit frisch gepflückten Erdbeeren – oder auf den Skateboards, die Nele gebastelt hatte: Gustav war und ist einfach immer mit dabei.

Für die Nacht richtete Nele ihm ein Körbchen her, weich gepolstert mit Heu und Stroh. Das durfte dann im Kinderzimmer stehen, neben ihrem Bett, sodass sie immer eine Hand nach ihm ausstrecken konnte, um ihn zu beruhigen. Bald kam sie auf die Idee, ihm ihr T-Shirt in das Körbchen zu legen, sodass sie ihm auch beim Schlafen nah war – oder tagsüber, wenn sie zur Schule musste.

Und tatsächlich beruhigte Gustav der Geruch. Dass Gänse einen guten Geruchssinn haben, wusste Nele noch nicht. Sie war einfach ihrem Gefühl gefolgt, so wie sie es oft tut. Manchmal weiß man etwas aus dem Herzen heraus. So wie man die wesentlichen Dinge bekanntermaßen ja auch mit dem Herzen sieht …

Da Gustav nun mal ein Wasservogel ist, fand Nele eines Tages, dass es für ihn an der Zeit sei zu schwimmen. Während die Sommersonne hoch am Himmel stand, füllte sie ihre Babybadewanne mit Wasser und legte vorsichtshalber ein Miniatur-Surfbrett hinein. Gespannt warteten wir ab, wie Gustav reagieren würde. Als Nele ihn behutsam ins Wasser setzte, blickte er sich irritiert um, paddelte mit seinen Füßchen und machte ihr dann aufgeregt piepsend klar, dass er so gar nicht begeistert war vom nassen Element. Mit Leichtigkeit rettete er sich auf das Surfbrett, stellte sich auf und schüttelte sich, empört darüber, dass sein Flaum nass geworden war.

»Wenn du nicht alleine schwimmen willst, dann gehen wir eben zusammen in die Badewanne«, meinte Nele daraufhin und ließ Wasser ein. Zusammen mit Nele war Gustav das Baden zwar weniger unheimlich, aber er hielt sich dicht bei ihr und sah aus, als wolle er ihr sagen: Spaß geht anders! Sobald der Schwimmunterricht zu Ende war, wurde uns klar: Gustav konnte zwar schwimmen, doch das hieß keineswegs, dass er eine Wasserratte war – im Gegenteil. Wie jedes Wesen hatte er seine Vorlieben – und bald schon seinen ganz eigenen Charakter.

2. Kapitel:

Unser Gans normaler Alltag

Es kam einem kleinen Wunder gleich, Gustav beim Wachsen zuzusehen. Sein gelb-brauner Flaum wurde bald dichter und änderte langsam die Farbe hin zu verschiedenen Schattierungen von Grau, Braun und Weiß. Nach rund sieben Wochen zeigten sich die allerersten Federkiele. Der Schnabel leuchtete orange, der Hals wurde länger, und auch die Flügel wuchsen – genau wie sein Appetit.

Gustav war schon bald zu groß für sein Körbchen. Da er nach wie vor auf Neles Nähe angewiesen war, um glücklich heranzuwachsen, funktionierte ich kurzerhand das hölzerne Frühbeet aus unserem Bauerngarten um und schuf in ihrem Zimmer einen Schlafplatz, der groß genug für ihn war. Nele sorgte dafür, dass er immer mit frischem Stroh ausgekleidet war, sodass Gustav sich hineinkuscheln konnte. Auch eines ihrer T-Shirts durfte natürlich nicht fehlen.

Während Gustav sich vom Wuschelknäuel zum stattlichen Gänserich entwickelte, war unter Neles Hemd bald kein Platz mehr für ihn. Wobei er das anders sah: Wann immer er eine Extradosis Nähe brauchte, machte er den Hals lang und versuchte zumindest den Kopf unter ihr Shirt zu stecken.

Bald schon stellte sich ein »Gans normaler Alltag« bei uns ein, an dem sich bis heute wenig geändert hat.

Morgens nach dem Aufwachen ist als Erstes das Frühstück angesagt. Zum Glück liegt die Wiese direkt vor der Tür. Dort pflückt Nele frische Kräuter und schneidet sie klein. Da ihr gefiederter Freund Salat liebt, vorzugsweise Eisbergsalat, gibt es mehrmals in der Woche eine Abwechslung auf dem Speiseplan. Manchmal ist Gustavs Appetit so groß, dass Nele die Blätter gar nicht mehr klein schneiden muss. Dann zupft er sich seine Leckerbissen direkt aus dem Salatkopf in Neles Hand. Und das schmeckt gleich viel besser, als wenn das Futter auf dem Boden liegt …

HILA

Auf dem Hof hat Gustav jede Menge zu entdecken, sodass ihm nicht langweilig wird, wenn Nele zur Schule muss. Schließlich leben bei uns eine Menge Tiere, mit denen er sich prächtig versteht – allen voran Snoopy, der Nele und Gustav oft auf ihren Ausflügen begleitet. Aber auch die Hühner, Pfauen, Kaninchen, Hasen, Enten und natürlich die Katzen sorgen für ein straffes Unterhaltungsprogramm. Wenn unser Kater Pepe seine tollen fünf Minuten bekommt, rast er durch den Garten, nimmt Anlauf und hechtet über Gustav drüber. Den lassen solche Kapriolen allerdings eher unbeeindruckt, denn schließlich hat er Wichtigeres zu tun: Haus und Hof zu bewachen.

Gänse sind ausgezeichnete Wächter. Der Legende zufolge sollen sie das römische Kapitol einst vor der Eroberung durch die Kelten bewahrt haben. Als heilige Tiere der Göttin Juno lebten sie im Tempel des wichtigsten der sieben Hügel Roms. Während die Feinde sich dem Kapitol in der heraufziehenden Dämmerung näherten, fingen sie aufgeregt an zu schnattern und alarmierten so die Wächter.

Tatsächlich haben Gänse ein ausgeprägtes räumliches Sehvermögen, was es ihnen möglich macht, ihre Umgebung genauestens zu beobachten. Nähert sich ein Fremder, fangen sie an zu schnattern und mit den Flügeln zu schlagen. Nachdem ihm dieses Verhalten angeboren war, übernahm Gustav selbstredend die Rolle als Wächter und löste Snoopy ab, der mit seinen sechzehn Jahren nicht mehr so gut hört und überhaupt lieber ein Schläfchen statt Wache hält.

Gustav hingegen nimmt seine Rolle als Wächter ziemlich ernst. Kommen Fremde auf den Hof, macht Gustav den Hals lang, läuft zum Tor und sorgt für ordentlich Krach. Familienmitglieder und Freunde hingegen begrüßt er freudig mit Flügelschlagen, denn sie gehören für ihn zu seiner »Gänseschar«, die er liebt und beschützt.

Am größten ist seine Freude natürlich, wenn Nele nach Hause kommt. Inzwischen weiß er genau, wann die Schule aus ist, und wartet geduldig vor der Küchentür auf sie. Dann wird erst mal gekuschelt. Wenn Hausaufgaben anstehen, ist Gustav natürlich mit dabei. Als kleiner Gänserich hatte er eine Menge Unfug im Kopf, aber inzwischen weiß er, dass die lästigen Hausaufgaben am schnellsten erledigt sind, wenn er brav danebensitzt, statt die Bücher mit seinem Schnabel umzublättern oder über die Hefteinträge zu watscheln. Besonders mag er es, wenn Nele sich zu ihm setzt und ihm vorliest. Dann blickt er sich noch eine Weile sichernd um und fängt schließlich an, sich wohlig zu putzen, während er ihrer Stimme lauscht.

Nele ist Gustavs großes Vorbild, und was immer ihr in den Sinn kommt, will er nachmachen. Wenn die beiden durch die Gegend ziehen, läuft er ihr wie zu Kükentagen dicht hinterher. Fängt sie an zu rennen, dann gibt auch Gustav Gas und watschelt so schnell er kann auf seinen Paddelfüßen durch die Wiesen. Beim Balancieren auf dem Baumstamm setzt er konzentriert Fuß vor Fuß. Und wenn Nele sich auf ein Bein stellt, dann muss Gustav das natürlich auch versuchen. Dabei sein ist alles!

Nicht weit von unserem Haus fließt ein kleiner Bach, an dem Nele gerne spielt. Gustav will natürlich mitkommen. Doch wenn ihr Weg über die glitschigen Steine im Bach führt, ist er so gar nicht begeistert. Schließlich könnte man ja ausrutschen und nass werden … Selbst zum Trinken muss Nele ihm das Wasser mit den Händen schöpfen.

Viel mehr Spaß als der lästige Bach macht es Gustav, die Hänge hinunterzurutschen. Während Nele unten mit den Füßen abbremst, breitet Gustav geschickt die Flügel aus und schlägt damit, um sich abzufangen.

Schon als Gänseküken machte Gustav sich lang und versuchte mit den Stummelflügeln zu schlagen. Das sah wirklich putzig aus. Je größer er wurde, desto imposanter wurden auch seine Flügel. Natürlich wünschte sich Nele, dass Gustav fliegen konnte. Und so rannte sie durch den Garten und schlug mit den Armen, um Gustav zum Fliegen zu animieren. Am besten klappte das Abheben, wenn die zwei eine Anhöhe hinunterrannten. Da breitete Gustav instinktiv die Flügel aus – und hob eines Tages dann auch ab.

Zu unserer Überraschung schien er an seiner neu entdeckten Fähigkeit wenig Interesse zu haben. Während die Menschen davon träumen, frei wie ein Vogel einem fernen Horizont entgegenzufliegen, hat Gustav andere Prioritäten. Für ihn gibt es nichts Schöneres, als in Neles Nähe zu sein. Weder der Ruf einer Gans auf dem benachbarten Hof noch der See oder die Freiheit der Lüfte bedeuten ihm etwas. Nele aber, die ihn von Anfang an beschützt hat und ihn versteht, ist sein Ein und Alles. Und wenn es um Abwechslung und Abenteuer geht, so gibt es die an ihrer Seite auch mehr als genug.

3. Kapitel:

Gemeinsam die Welt entdecken

Was wir am Leben auf dem Land besonders lieben, ist dieses Gefühl von Freiheit. Neles »Abenteuerspielplatz« beginnt gleich hinter unserer Terrasse. Hier kann sie nach Lust und Laune barfuß durch die Wiesen streifen, auf Baumstämmen balancieren, den Hang hinabkullern, sich im Herbst im Laub vergraben und im Winter im Schnee spielen. Was immer ihr gerade einfällt – Gustav will natürlich mit von der Partie sein.

In den ersten großen Ferien mit Gustav machte Nele sich einen Plan, was sie alles mit ihm unternehmen wollte. An oberster Stelle stand ein Picknick im benachbarten Kornblumenfeld. Snoopy durfte natürlich auch mitkommen. Als der Picknickkoffer fix und fertig gepackt war, ging Nele voran. Die Blumen und Gräser standen schon recht hoch, und Gustav musste seine Füße bei jedem Schritt ein ganzes Stück anheben. Snoopy lief schwanzwedelnd am Ende der kleinen Schar. Nach einer ganzen Weile suchte Nele einen Rastplatz. Dort ließen die drei sich nieder und genossen das Nichtstun.

Gustavs Hals war in den vergangenen Wochen gewachsen, und wenn er ihn reckte, konnte er über das Meer aus Kornblumen spähen, das mit einzelnen Mohnblumen und Kamille durchsetzt war. Seine Neugier bekam neue Nahrung. Also machten die drei sich auf, die Gegend weiter zu erkunden. Das benachbarte Feld war richtig spannend: Hier standen die Sonnenblumen schon so hoch, dass sie die drei förmlich verschluckten. So lang Gustav den Hals auch reckte, an die großen gelben Blütenköpfe kam er nicht heran.

In den folgenden Wochen erkundeten Nele und Gustav die umliegenden Felder und Wiesen, streunten durch die Gegend und besuchten Nachbarn und Freunde. Und so verging der erste Sommer mit Gustav, der inzwischen schon ein richtiges Federkleid hatte und fast so groß wie eine ausgewachsene Gans war. Das kühlere Wetter tat seiner Entdeckerfreude keinen Abbruch, denn auch im Herbst ist der Wald ein Abenteuer wert: Wenn das Laub von den Bäumen fällt und sich auf den Wegen türmt, kann man »Gans« wunderbar hindurchtollen und es mit den Füßen in die Luft kicken.

Als der Herbst sich langsam verabschiedete, wurde es bald empfindlich kalt. Eines Morgens sprang Nele aus dem Bett und traute ihren Augen kaum. Es hatte über Nacht geschneit! Der Garten sah so märchenhaft aus, wie mit einer dicken Schicht Puderzucker bestäubt.

»Gusti, es hat geschneit, dein allerallerersterster Schnee!«, rief sie und weckte Gustav auf. Zu ihrer großen Freude kam der Schulbus nicht durch den Schnee, und die Schule fiel aus. So hatten die beiden einen ganzen Tag für sich.

Gustav guckte skeptisch, als er den Schnee sah, doch als er merkte, wie ausgelassen Nele umhersprang, war auch er nicht mehr zu halten. Vorsichtig setzte er seine orangefarben leuchtenden Füße auf den rutschigkalten Untergrund, und die anfängliche Scheu war schnell überwunden. Glücklich tobten die zwei durch den Schnee, und Gustav schlug vor Aufregung mächtig mit den Flügeln.

Durch seine Nähe zu Nele überwand er eine Hemmschwelle nach der anderen, und es machte beide unglaublich stolz, wenn er wieder etwas geschafft hatte, das er sich allein vielleicht gar nicht zugetraut hätte.

Wäre es nach Nele und Gustav gegangen, hätte der Spaß immer so weitergehen können. Doch dann erreichte die Vogelgrippe Mecklenburg, und für Gustav hieß das: Stallpflicht. Mit den Hühnern und den Pfauen teilte er sich nun seine Unterkunft, und Nele verbrachte so viel Zeit wie nur möglich in seiner Nähe. Woche für Woche hofften wir auf das Ende der Stallpflicht, aber wir wurden immer wieder enttäuscht. Nele konnte es bald kaum mehr ertragen, ihren Gustav so eingesperrt zu wissen.

»Gibt es eigentlich ein Verbot, dass er uns im Haus besucht?« Natürlich nicht! Wieso nur waren wir nicht gleich darauf gekommen! Und so rollte ich kurzerhand die Teppiche ein, und wir trugen Gustav in unser Haus. Dort merkten wir gleich, wie sehr er sich über unsere Gesellschaft freute. Als Erstes bekam er einen Eisbergsalat, dann wurde ausgiebig gespielt und gekuschelt. So konnte man sich die Wartezeit wunderbar versüßen. Wir beschlossen, aus der Quarantänezeit das Beste zu machen: Wellness und Frühjahrsputz waren angesagt. Gustav hatte natürlich seine ganz eigenen Vorstellungen von Hygiene. Baden war nach wie vor eine leidige Angelegenheit für ihn, doch mit dem Schnabel alles und jeden nass spritzen – das war so ganz nach seinem Geschmack.

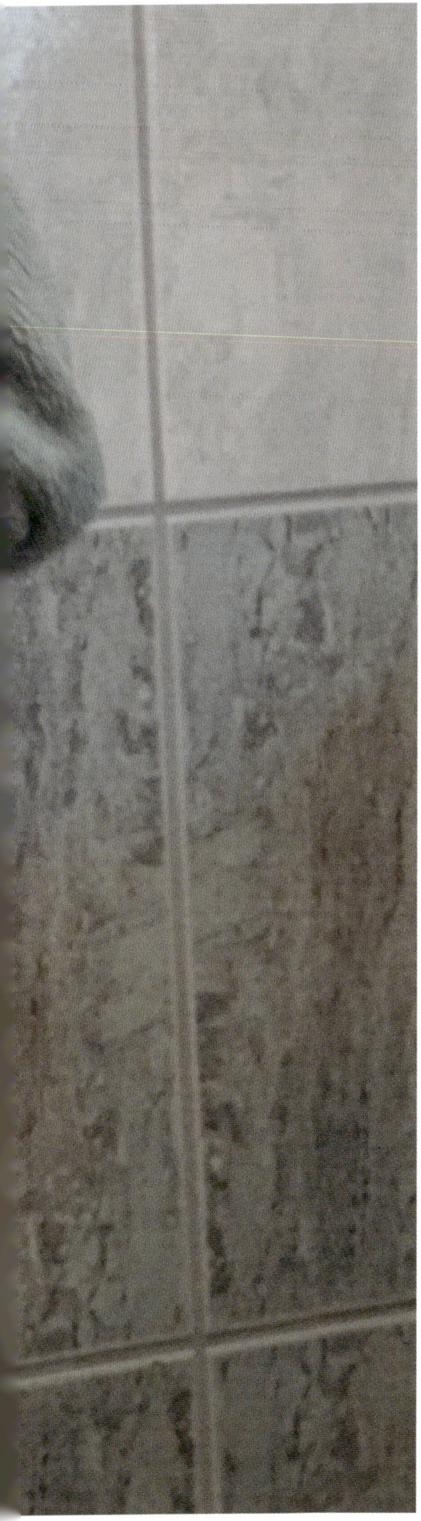

elmex

Dann endlich war es so weit, und Gustav, die Hühner und die Pfauen durften wieder ins Freie.

»Ich zeige dir heute den Frühling«, sagte Nele und schlang den Arm um ihren Gänserich, während die beiden Pläne schmiedeten. »Wir gehen in den Wald, dort ist der Frühling am schönsten zu sehen!«, meinte Nele. Und das taten sie dann auch. Den ganzen Vormittag erkundeten sie den Wald mit seinen noch kahlen, hohen Bäumen, die laubbedeckten Wege und das Unterholz. Ab und an begegneten sie Nachbarn mit ihren Hunden. Nach einer fröhlichen Begrüßung lief Nele weiter, dichtauf gefolgt von Gustav.

Sie zeigte ihm den wunderschönen Buschwindröschen-Teppich, der sich jedes Frühjahr durch den gesamten Wald zieht. An einem Baumstumpf machten sie Rast. Gustav flatterte hinauf, schmiegte sich an Nele und bog den Hals, sodass er seinen Kopf ganz dicht an ihren halten konnte – gerade so, als wolle er ihr sagen, wie sehr er die Ausflüge mit seiner Gänsemutter vermisst hatte. Ein inniger Moment zwischen den beiden ungleichen Freunden …

Ausflüge in die Wiesen und Felder gehören zu den liebsten Gewohnheiten von Nele und Gustav. Wenn es mal weiter weg geht, springt Gustav ins Auto auf seinen speziellen Gänsesitz – ein Handtuch für den Fall der Fälle. Er liebt das Autofahren und blickt die ganze Zeit aufmerksam hinaus. Was er wohl sieht, wenn die Landschaft an ihm vorbeizieht?

Auf der Fahrt zur Arbeit hatte ich eines Tages ein wildes Mohnblumenfeld entdeckt. Die Blüten leuchteten in einem so satten Rot, dass ich beschloss, es Nele und Gustav zu zeigen. An einem sonnigen Frühsommertag machten wir uns auf den Weg Richtung Ostsee. Kaum waren die beiden aus dem Wagen gesprungen, liefen sie auch schon los. Inmitten der Blumen machten wir Picknick und träumten vor uns hin. Sanft strich der Wind über die Gräser und wehte den Duft der Kamille zu uns herüber. Bienen summten, und als wir uns ins Gras legten, spannte sich über uns der blaue Himmel. Ein Vogel zog über uns hinweg, und Nele deutete nach oben, um ihn Gustav zu zeigen. Es sind Momente wie diese, die ich besonders liebe … einfach und doch so kostbar.

Dann setzte Nele sich auf und bastelte sich einen Blumenkranz fürs Haar. Aber da hatte sie nicht mit Gustav gerechnet. Neugierig ziepte und zupfte er daran, bis er ihn endlich erobert hatte. Stolz reckte er den blumengeschmückten Hals, als wolle er sagen: Meiner!

Eines Tages entdeckten die beiden einen neuen Zeitvertreib. Als Nele am Bach gespielt hatte, war Gustav nass geworden, was ihm bekanntermaßen gar nicht passte. Zur Erholung ließ er sich erst mal auf die Decke sinken. Nele pflückte eine Pusteblume und blies hinein. Staunend blickte Gustav den fliegenden Samen hinterher und versuchte danach zu schnappen. Als kein Flugschirmchen mehr umherflog, sah er sich ganz enttäuscht um. Also pflückte Nele den nächsten Löwenzahn und immer so weiter … ein Spiel ohne Ende.

Im Spätsommer wurde das Feld der Nachbarn abgeerntet – ein Riesenspaß für die Kinder und natürlich Gustav, die zusammen auf den frischen Strohwürfeln herumtobten. Richtig wild ging es da zu. Als schließlich eine Pause angesagt war, gab es zu Gustavs Freude frische Wassermelone. Zusammen hoch oben auf einem Strohballen sitzen, Melone knabbern und über die weiten Felder blicken, das ist für die beiden ein kleines Stück vom Paradies.

Nele liebt ihre Tiere, doch sie geht auch einer weiteren Leidenschaft mit voller Hingabe nach. Es ist die Musik, die sie schon als Kleinkind besonders faszinierte. So ist es auch kein Wunder, dass es in unserem Haus nur selten still ist. Entweder werden Lieder der Lieblingsband rauf und runter gehört oder aber selbst in die Tasten des Klaviers gehauen. Dann singt Gustav auch mal mit. Ein weiteres Instrument, das Nele gerne selbst spielt, ist die Trommel. Die wird dann auch mal mit zum See genommen, um dem aufmerksamem Gustav ein Privatkonzert zu geben.

Eines Tages meinte Nele, Gustav müsse das Meer sehen. Wir wohnen nicht weit von der Ostsee entfernt und sind gerne am Strand. Oft nehmen wir Snoopy mit. Auch wenn wir uns immer abseits der Touristenströme einen ruhigen Strandabschnitt suchen, waren an jenem Tag ein paar Leute dort unterwegs. Sie waren alle sehr amüsiert, als sie Nele und ihren Begleiter sahen. Eine Frau fragte Nele doch glatt, ob Gustav ein Schwan sei.

Gustav gab sich am Strand ziemlich entspannt und folgte Nele wie gewohnt auf Schritt und Tritt. Die leichten Wellen, die seine Füße umspülten, fand er toll und begrüßte sie mit einem Schlagen der Flügel. Später spielten die beiden im Sand und beobachteten die Möwen, die sich kreischend über ein zurückgelassenes Brötchen hermachten. Gustav ließ sich von dem Theater nicht beindrucken und machte einen auf cool. Vielleicht lag es ja daran, dass er von zu Hause her eine weit größere Menagerie gewohnt war …

DRAGONFLY
Airlines

4. Kapitel:

Gustavs tierische Freunde

Als Nele geboren wurde, lebte Snoopy bereits seit einigen Jahren bei uns. Unser Jack-Russell-Terrier begrüßte den Familienzuwachs freudig, und zwischen den beiden entstand schon bald eine Freundschaft, die mit den Jahren immer enger wurde. Auch als Kleinkind war Nele nie grob zu ihm, sondern spürte von Anfang an, was er mochte und was nicht. Sie liebte es von klein auf, mit Snoopy umherzustreunen, Zirkuskunststücke und Zaubereien aufzuführen oder ihn zu knuddeln. Snoopy ist ein echtes Familienmitglied und ein treuer Gefährte, der für alles zu haben ist. Er gehorcht aufs Wort, ist immer mit dabei und sorgt dafür, dass auf dem Hof alles rundläuft.

Als Nele zwei war, hatte sie einen ganz besonderen Freund: Rabi, einen kleinen pechschwarzen Raben. Niemand außer Nele konnte ihn sehen. Sie erzählte uns, dass er bei ihr im Zimmer wohne und sie überallhin begleite. In der Kita bestand Nele darauf, dass Rabi seinen eigenen Stuhl bekam, und die anderen Kinder akzeptierten seine Anwesenheit. So ungewöhnlich Neles unsichtbarer Freund am Anfang auch war, so wurde er doch mit der Zeit für uns alle ganz selbstverständlich. Kurz bevor Nele eingeschult wurde, kam sie eines Tages zu mir und erzählte mir, dass Rabi nach Afrika geflogen sei, dort bei einem anderen Mädchen lebe und nicht mehr wiederkäme. Der Abschied von ihrem imaginären Freund fiel ihr schwer, doch wie immer, wenn man loslässt, warten neue Gelegenheiten und Abenteuer. Oder eben Tiere …

Viel Freude macht uns auch Pepe, unser Wildfang. Er ist ein kleiner frecher Kater mit Silberblick, der vor zwei Jahren zu uns kam, da er einen Platz zum Leben brauchte. Pepe liebt das Haus und den Hof. Er ist ununterbrochen damit beschäftigt, sich neuen Unsinn auszudenken. Ungestüm rast er durch die Gegend, lässt sich die Treppe hinunterkullern, springt über die anderen Tiere und testet seine Grenzen aus.

Mit vier Jahren brachte Nele einen Hasen vom Nachbarn an. Lola war unterentwickelt zur Welt gekommen und hatte verkrüppelte Füßchen, weshalb der Bauer sie schlachten wollte. Nele hatte längst ihr Herz für Tiere entdeckt und wollte Lola unbedingt retten. Und so machten wir uns daran, einen Hasenstall für sie zu bauen.

Damit Lola nicht allein war, nahmen wir ein Meerschweinchen dazu. Das war allerdings schwanger, wie wir kurz drauf feststellten, und so wurden es schließlich vier. Damit Lola nicht völlig in der Unterzahl war, bekam sie einen Hasenfreund. Snoopy und die anderen Vierbeiner verstanden sich prima untereinander, und Nele übernahm ganz selbstverständlich die Verantwortung für die wachsende Tierfamilie, die jeden Winkel unseres Hofs mit Leben und Liebe erfüllte.

Wie abzusehen war, bleib es nicht bei den Vierbeinern. Ein benachbarter Bauer hatte Probleme mit zwei Hähnen – der jüngere hackte ständig auf den älteren, schwächeren ein. Und so kam Nele eines Tages mit dem älteren Hahn namens Machete an, den sie vor dem Kochtopf gerettet hatte. Damit er nicht so allein war, hatte sie gleich noch ein Huhn dazubekommen, Chica.

Glücklich darüber, dass sie die beiden in Sicherheit gebracht hatte, räumte sie ihr Kinderspielhaus im Garten leer. Dort entstand unser erster Hühnerstall. Nele kümmerte sich rührend um die Hühner, die bald zahm aus der Hand fraßen und sich streicheln ließen. Oft saß sie bei ihnen, beobachtete sie und ließ sich auf ihr Wesen ein, das sich von dem der anderen Tiere unterschied. Machete lebte noch zwei Jahre glücklich und zufrieden, bis er an Altersschwäche starb. Weil Chica recht einsam war, nahmen wir Bombe auf, einen quirligen Strupphahn. Chica war gleich ziemlich angetan von dem wuscheligen Gesellen und begann zu brüten. Und so leben derzeit vier Hühner und ein Hahn bei uns auf dem Hof.

Da sie längst nicht mehr die einzigen Federtiere sind, haben wir einen großen Stall gebaut, dessen Tür tagsüber immer offen steht. Den teilen sie sich mit dem Pfauenpärchen, das vom Tierhof stammt und auch bei uns landete.

Viktoria, die stolze Pfauendame, ist die Chefin unter den Tieren. Sie hat ihre Position ganz selbstverständlich eingenommen, was den anderen nur recht war. Wenn Nele draußen auf dem Hof Brotreste verstreut, kommen alle angelaufen, inklusive Pepe. Viktoria frisst als Erste, dann erst dürfen die anderen ran. Oft sitzen die Pfauen auf dem Dach des Stalls und haben den Hof im Auge. Nachts schlafen sie gern auf dem Apfelbaum.

Inzwischen haben Viktoria und Valentin gebrütet und pflegen ihren Pfauennachwuchs, der schon richtig groß geworden ist. Nele sitzt gerne und oft auf der Wiese; wenn die Tiere sie sehen, laufen sie zu ihr, und jeder will als Erster bei ihr sein.

Als Nächstes schleppte Nele ein Entenpaar an. Der Erpel sollte geschlachtet werden, weil er keine Stimmbänder hat und sich mangels Quaken nicht in die Entenschar einfügen konnte. Wie schon bei den Hühnern gab es das Weibchen mit dazu. Nele war ganz begeistert von den beiden, die sich schnell in das Gefüge unserer Mensch-Tier-Familie eingliederten. Sie watscheln mit ihrem unnachahmlichen Gang über die Wiese, schwimmen im nahen Bach oder gesellen sich zu den anderen Tieren im Hof.

Und dann kam Gustav. Unser Gänserich, der unser Herz im Sturm erobert hat und immer Neles Nähe sucht. Längst hat er auch unter den Tieren seine Freunde, ja, seine Familie gefunden. Und so hat das Wort »Familiensinn« eine ganz neue Bedeutung für uns alle bekommen. Die Freundschaft und Liebe zu den Tieren hat unser Leben in einer Weise bereichert, die wir uns niemals hätten träumen lassen. Freundschaft strömt aus vielen Quellen, am meisten aber direkt aus dem Herzen.

Es herrscht eine so selbstverständliche Harmonie zwischen diesen so unterschiedlichen Wesen, die bei uns Unterschlupf gefunden haben, dass Fremde, die uns besuchen kommen, oft einfach nur staunen. Da wird weder gejagt noch gehackt oder gebissen. Gustav hat immer ein besonderes Auge auf den gefiederten Nachwuchs. Aber auch wenn Pepe die Meerschweinchen und Hühnerküken neugierig beschnuppert, sind sie für ihn keine Beutetiere, sondern beste Freunde. Vielleicht liegt es ja daran, dass Nele sie alle in ihr Spiel einbindet. Und so sitzen sie einträchtig auf der Bank, wenn Nele Tierarzt spielt, und genießen die Zusammengehörigkeit.

Inzwischen hat sich in der Nachbarschaft herumgesprochen, dass Nele ein großes Herz hat, und so können wir alle gespannt darauf sein, wer wohl noch zu uns stößt und unsere tierisch schöne Familie auf Trab hält.

5. Kapitel:

Gans schön was los

Mit Gustav als Familienmitglied ist der Alltag auf dem Land tausendmal schöner, als wir ihn uns je hätten ausmalen können.

So dicht an der Natur, mit all den Tieren, folgt das Leben einem anderen Rhythmus als in der Stadt. Winters wie sommers spielt Nele im Freien; nur wenn es sich so richtig eingeregnet hat, darf es auch mal der Stall sein. Und natürlich ist auf einem Hof auch jede Menge zu tun, da muss jeder mit anpacken. Der Ansicht ist auch Gustav, der selbstredend mit dabei sein muss. Wobei er eine ganz eigene Vorstellung von Mithelfen hat …

Wenn Nele Vogelscheuchen für den Garten und den Kirschbaum bastelt, zupft er pausenlos Stroh aus den frischen Bündeln und kriegt sich gar nicht mehr ein vor Begeisterung.

Ebenso das Blumenkleid: Eigentlich stand Gartenarbeit auf dem Plan. Doch wie so oft kam uns eine Idee in die Quere, und so wurde daraus ein anderes Projekt. Mit Ninas und Neles Hilfe flochten wir die üppigen Sommerblumen zu einem Kleid. Gustav war sehr angetan von Neles neuem Outfit, zupfte hier und da herum – und fand es buchstäblich zum Fressen schön!

Gustav zeigt uns seine überschwängliche Freude, indem er sich so groß wie nur möglich macht und dabei imposant mit den Flügeln schlägt. Und natürlich mag er es, wenn Action angesagt ist – zum Beispiel beim Skaten. Wenn Nele auf ihrem Skateboard fährt, beobachtet er sie genau. Dann wird auch schon mal das Board angeknabbert, schließlich muss Gans ja alles genau untersuchen. Eines Tages stieg Gustav ganz von selbst auf das Skateboard und war nicht mal überrascht, als es sich bewegte. Seither ziehen Nele und er zusammen los zum Skaterplatz. Die anderen Kinder finden das ungleiche Paar einfach toll.

Neben all der Arbeit und dem Spiel muss man sich natürlich auch entspannen, findet Gustav. Im Schatten der Bäume haben wir eine breite Hängematte gespannt. Ein wunderbarer Platz zum Träumen, wo Gustav und Snoopy an warmen Sommertagen gern mit Nele abhängen. Seit Gustav fliegen kann, flattert er von ganz alleine in die Hängematte. Dann wird gelesen, erzählt, vor sich hin gesummt oder einfach das Leben genossen.

Wenn es im Sommer so richtig heiß wird, kommt die selbst gebaute Dusche zum Einsatz. In der Scheune hatten wir eine alte Babybadewanne aus Zink stehen. Die füllt Nele, wenn es heiß ist, mit Wasser und setzt sich hinein, um sich abzukühlen. Die Gießkanne hat sie selbst so im Baum befestigt, dass sie nur daran ziehen muss, und schon gibt es eine Erfrischung. Das gefällt auch dem sonst so wasserscheuen Gustav.

Ein anderer Lieblingsort ist die Bank nahe dem Schuppen, in dem Neles Papa oft herumwerkelt. Davor steht ein altes Bierfass mit einer Baumscheibe darauf als Tisch. Hier sitzen wir alle gern – wenn der Platz nicht gerade besetzt ist von Nele, Gustav und den Küken.

Auch das ausrangierte Boot im Hof lädt zum Spielen ein. Mit Gustav im Ausguck und Snoopy und Nele als Piraten werden die Ozeane der Fantasie befahren und immer neue Abenteuer erlebt.

Gustavs Liebe zu Nele ist ungebrochen. Als wir in den Sommerferien eine Woche in Venedig waren, hatte Nele bald große Sehnsucht nach ihm – und umgekehrt natürlich auch. Kaum zurück, wollten sich die beiden gar nicht mehr trennen. Nele hatte ihrem Gusti vor der Reise versprochen, anschließend zu campen. Gesagt, getan! Und so richtige Camper essen natürlich von einem Teller.

Die Natur mit ihren verschiedenen Jahreszeiten hat viele Geschenke für die Kinder parat: bunte Blumen, Früchte, Nüsse, Stroh, die Herbstblätter … alles Materialien, mit denen sich wunderbar basteln lässt.

Eier für die Osterbasteleien findet Nele im Stall. Und jedes Jahr im Herbst wirft Valentin seine Schwanzfedern ab, zur Freude von Nele und ihren Freundinnen, die daraus zauberhafte Dinge basteln. An Halloween werden die Kürbisse aus dem Garten geerntet.

Und Weihnachten?

Da hatte unser Gänserich eine besondere Überraschung für uns parat…

Nele hatte für Gustav und ihre gefiederten Freunde an Heiligabend ein Festmahl in Schalen angerichtet, mit Salat, Weizen, Weintrauben und Mais. Als sie es hinausbrachte, wunderte sie sich, dass Gustav nicht wie sonst zu ihr gelaufen kam. Also ging sie zu ihm, sprach mit ihm – und dann sah sie die Überraschung! Sie stürmte zu uns ins Haus und rief aufgeregt: »Mein Gustav hat ein riesiges Ei gelegt!«

Alle liefen wir hinaus, und tatsächlich: Stolz stand unser »Gänserich« neben seinem großen weißen Ei.

»Na, dann ist Gustav eben eine Auguste«, meinte Nele. »Oder besser noch: Fräulein Gustav!«

Das Leben mit Gustav steckt wirklich voller Überraschungen und unerwarteter Wendungen: ein fortwährendes Abenteuer, das immer wieder aufs Neue unser Herz erwärmt. Mit Gustav ist es wie mit dem Glück: ein Geschenk, das ganz von selbst auf uns zugekommen ist. Wobei natürlich Nele ihre Hände mit im Spiel gehabt hat …

Danksagung

Mein größter Dank geht an Nele und Gustav. Wie schön, dass die Zwei genau so sind, wie sie sind und dass ich ein Teil ihrer wunderschönen Freundschaftsgeschichte sein darf.

Nina und Jens möchte ich danken, die mir im Leben einfach immer zur Seite stehen und mir helfen meine Ideen zu verwirklichen.

Ich danke meiner Familie und meinen Freunden, besonders dafür, dass sie für mich da sind. Und ein ganz besonderes Dankeschön geht an Cindy und Angela.